有沒有什麼好辦法喵？

來自貓咪的貓生諮商

貓咪研究者
一針見血
回答！

日本上智大學副教授
齋藤慈子

京都大學野生動物研究中心
服部円

・漫畫・
「にゃんとまた旅」經營者
貓蒔

楓葉社

貓咪是如此地煩惱——前言

初次見面，我的名字叫可可，是一隻2歲的俄羅斯藍貓，與繪本作家小雪小姐和妹妹露露一起生活。

小雪小姐是非常棒的飼主，經常陪玩，也會好好照顧我們。

……但是，其實我有些困擾的事情。

比如，小雪小姐會經常跟我們搭話，像是：「你想被摸摸哪裡呢？」於是我就用眼神或尾巴回應，可是好像都不太能溝通。

還有，雖然她有為我們準備專用的貓跳台，但其實比起高處，我更喜歡陰暗狹窄的空間。

本以為就只有我會這樣覺得煩悶，但好像並非如此。

我的8隻貓夥伴們，也都有「我也有煩惱！」「我也有話想對主人說～」這樣的心聲。正當我們苦惱不知道該找誰傾訴時，我們遇到了可靠的老師們。

這兩位老師正是研究咱們貓咪的齋藤慈子老師與服部円小姐。兩人都因熱愛動物與貓咪而踏上這條研究之路，也正因如此，她們才能解答我們長年以來的各種煩惱與疑惑。本書即是將這些問答的精髓統整之後誕生的作品。

從我們的身體、心理到獨特的習性之謎，本書中都有解答，相信對於不知道該如何跟看似隨性的貓咪相處的飼主，一定能有所幫助！

由我們解答貓咪的煩惱！

研究對象有貓、猴子，還有人類

齋藤慈子——Atsuko Saitou

自高中起，我就有「想從事新穎研究！」的想法，因而選擇繼續就讀大學。由於對探求心理演化的比較認知學產生興趣，在畢業研究中我投入貓的心理研究，但礙於其反覆無常的行為，短暫碰壁。

進入研究所後，我對猴子的色覺與育兒行為進行研究，而在進入大學任教後，我又再次展開對貓的研究，並發表了「貓能分辨飼主的聲音，且知道自己的名字」等相關內容的研究報告。

家中有現年13歲的愛貓「豆渣」，是個男生。性格溫順，能忍受被我家的孩子玩弄。目前的煩惱是不在家時，掃地機器人會誤吸豆渣的「掉落物」。

齋藤老師與愛貓「豆渣」

從時裝雜誌編輯到貓咪研究者

服部 円——Madoka Hattori

自美術大學畢業後，我從事了十多年的雜誌編輯。而後在二〇一一年時，我獨自創建以貓為主題的網站「ilove.cat」，也因此遇到了齋藤老師。

在得知貓咪這般明明與我們如此親近的動物，人類對牠們的研究卻始終沒什麼進展時，我產生了自己也想投身研究的想法！於是我決定攻讀研究所，並且在麻布大學研究所的獸醫學部，進行貓的臉型及荷爾蒙相關的研究。目前在京都大學研究貓與人類的關係。

愛貓「SKY」是在東日本大震災時獲救的貓，我們在福島的三春收容所相遇。他的性格乖巧，還很貪吃，但不知道是不是已經是13歲的老爺爺，就算買了新玩具也不賞光，實在令人煩惱。

服部小姐與
愛貓「SKY」

來自貓咪的貓生諮商 有沒有什麼好辦法喵？ 目錄

第2章 生活上的煩惱

第3章 身體相關的煩惱

本書的登場角色

煩惱的貓咪
&
家人們

可可

男生・2歲・俄羅斯藍貓

我和繪本作家的飼主小雪小姐、有血緣關係的妹妹露露（2歲・俄羅斯藍貓）一起生活。是很愛說話，也很常向人搭話的類型。和妹妹感情和睦，我們2隻總會靠在一起睡。

栗子　女生・4歲・蘇格蘭摺耳貓

我是從溫柔的飼育員那裡來到幸子小姐夫婦的家中。最近，我的生活中多了隻叫山本（男生・2歲・蘇格蘭摺耳貓）的後輩，加上家裡還有上小學的孩子們，日子總是非常熱鬧。但還是有點希望能多一點自己的時間……。

小白　男生・3歲・米克斯

我的飼主是麻衣小姐，但2年前她開始與男友祐介先生同居，他養的小黑（男生・5歲・米克斯）也跟著來到這個家。起初我很不適應，但麻衣小姐很溫柔，祐介先生也時常陪我玩，於是我開始喜歡上了新生活。

小櫻

女生・15歲・米克斯

我與佐佐木夫婦生活在老舊的日式家屋，是妻子發現了在緣廊下剛出生不久的我。我很喜歡和從小就在一起的文鳥小文，度過午後的時光。佐佐木先生的孫子們偶爾也會來玩。

里奧

男生・5歲・布偶貓

我的飼主是從事室內設計的菊池夫婦，在我身後的透明貓跳台也是菊池先生替我做的。聽說我的照片在Instagram很受歡迎呢！家裡常有菊池先生的朋友來作客，大家會一起吃個飯。

桃子

女生・2歲・美國短毛貓

從我家能俯瞰東京鐵塔喔。我的飼主是經營IT公司的平野夫婦，他們雖然都是溫柔的人，但好像有點對我太著迷了。因為我很愛乾淨，希望他們能確實做好打掃哇。

小空

男生・11歲・米克斯

我是在收容所被從事編輯工作的YURI小姐領養，直言不諱、性格直率的YURI小姐，與淡定的我生活在同個屋簷下。雖然生活中沒什麼令我生氣的事，但我不喜歡被抱，因為懸空的感覺令我手足無措啊。最舒服的地方果然還是軟呼呼的床吧！

小麥

女生・6歲・米克斯（三色貓）

在某個雨天，淋溼的我被翔太先生撿回家，從那時起我們便一起生活。雖然我與他正在交往的女友算是敵對關係，但我們依舊很要好。然而，翔太最近工作好像非常忙碌，我有點擔心他。

小丸

男生・1歲・米克斯

我的飼主，是小學生海斗君，家裡還有一隻柴犬巧可（男生・4歲），是一個熱愛動物的家庭。巧可教會了我這個家的各種規則唷！話說狗能去散步可真好，哪天我也想去！

第1章
家人間的煩惱

無論是貓咪還是人，都很難完全理解對方的心情。就算是家人，不，正因為是家人，特別容易產生這樣的煩惱。

貓咪的生活中，有時會因為主人外出，留自己獨守空閨而感到不安；有時還會遇到就算搭話卻無法溝通的情況。此外，與同居人、同居貓狗的關係也很複雜。

時而希望能被關注，時而又想獨處。就是因為每天都在一起，家人間的煩惱才會層出不窮呢。

諮詢1

我想要無視小孩的呼喚！

我很信任幫我準備食物、把廁所打掃乾淨的幸子小姐。因為就算我不出聲提醒，她也總是能細心留意到我的需求。

但我實在不擅長應付孩子們，他們的聲音很大，還會很突然伸手摸我。

所以當幸子小姐喊我的名字時，我會回頭，但小孩們的叫喚無視也沒關係吧？

諮詢貓：栗子（女生・4歲）

回答

要不要試著用尾巴或耳朵做出反應呢？

很開心妳遇到一位好主人。建議妳可以多撒撒嬌，來答謝幸子小姐平日的照料。比如試著爬到她膝蓋睡覺，我想她應該會非常開心呢。

至於孩子們，他們就像貓一樣頑皮又充滿好奇心。如果呼喚沒有得到回應，孩子們就會纏著栗子，更加不肯善罷干休。

這時，建議妳可以輕輕地揮動尾尖，或是將單耳轉向他們。

一開始他們可能會沒有發現，但某天一定能理解「啊！原來叫名字的話，她就會動尾巴」喔。

我很不擅長應付小孩
聲音很大，動作也都很突然
然而……
我回來了
栗子！
啪噠啪噠
喂喂～!!
栗子，我們回來了！
沒聽到
沒聽到
沒聽到
回來啦
媽媽，我們叫栗子，但她好像沒聽到呢？
栗子～喂～
栗～子！喔～咿！
結果愈來愈吵了呢……
沒辦法……
揮揮
啊！
尾巴動了！
她聽到了！
她一定是想睡了啦。
我們不要打擾她了。
吵吵鬧鬧
呼……終於安靜啦。

貓咪學

貓能認得家人的聲音和臉

我發表的論文中，曾提出「貓能區分飼主與他人聲音」的研究結果。

實驗中先錄下與飼主同性別、但未見過該貓的其他四人的喚名聲，以及飼主的喚名聲，並透過「習慣化—去習慣化法」（Habituation-Dishabituation Method）進行測試。

原理是，動物對於反覆給予的相同（或是同類型）刺激（本實驗中是「他人的聲音」），在最開始產生的強烈反應（迅速轉向音源方向等）會減弱（習慣化）。當出現習慣化後，此時再給予別種刺激，又會再次出現強烈反應（去習慣化）。有出現這種現象，代表動物能夠區分習慣化刺激（他人的聲音）與去習慣化刺激（飼主的聲音）。

最新的研究還發現貓不僅認得主人的聲音，還能記得臉（參照38頁）。

而實驗中呼喚貓的名字時，比起揮動尾巴或鳴叫回應，僅轉動耳朵與頭部的貓占多數。不過尾巴也是貓的溝通工具，因此當牠們揮動尾巴時，就代表牠們在回應：「我聽到囉。」

諮詢 2

同居的貓好笨拙

兩年前，我家突然來了隻帶有黑邊、名叫小黑的貓。雖然他比我年長，但個性好像有點自我……，又或者該說是有點笨嗎？

比如吃飯時，他總是分不清自己的碗跟我的碗，還有當廁所換位置時，他就找不到了。

此外，廚房邊有個藏有零食的的櫃子，我已經教過他好幾次那扇門要怎麼開，但是小黑總馬上就忘得一乾二淨。

諮詢貓：小白（男生・3歲）

作為前輩，請適時給予指導吧！

家裡有新貓進駐時，適應起來一定很不容易。任誰都不希望自己的生活空間被打亂，因此我很能理解你煩躁的心情。

但是，你應該不討厭小黑吧？

既然如此，雖然沒必要照顧他生活中的方方面面，但至少可以在他不知道的事情上給予協助？同樣地，當小白你陷入困境時，小黑也一定會挺身而出。

不過話說回來，我不建議你以期待回報的心態給予幫助，因為像是點心，一起吃可能會比自己吃還要美味唷。

這麼想的話，偶爾幫個忙也挺不錯的呢？

喵~
喵~
吃飯囉~
欸欸欸欸
我
嚼
那碗，是我的飯的說？
欸？是喔？
抓抓
撓撓
我知道這裡有放零食
喵~
又在抓……
之前明明教過你了
抱歉
我忘了
重點是要這樣用前腳滑開喵
喔
我學到了！

貓咪學

貓也會看著人的動作學習

據說貓的祖先是獨居動物，因此貓咪們才會一直被認為社會性較低。然而，其實貓也能學習其他個體的行為，而這個行為又叫「社會性學習」（Social Learning）。

根據實際進行的研究顯示，在面對按壓拉桿或拉繩以獲得飼料報酬的課題時，與沒有觀察其他個體、自行學習的貓相比，有觀察其他貓咪解題的貓能更快地解決問題。

觀察其他個體對貓咪自身而言，也算是某種程度的試行錯誤，雖然牠們並沒有辦法完全模仿（僅憑觀看他人的動作來完全效仿該動作）出我們人類的動作，但我們可以說牠們能透過其他貓來學習。

有些飼主可能會因自家貓咪會開水平鎖的門而感到困擾不已，然而這也許就是貓在模仿人開門的動作呢。話說回來，要是牠們能連關門的部分也順便學起來就好了呢？（笑）

諮詢3

希望主人能了解我的心情！

對於把在緣廊下剛出生的我撿回家的佐佐木夫婦，我心中只有感謝。不過，就算已經一起生活了十五年，我有時仍會覺得他們對我不怎麼了解。

比如我不想要這種大顆粒，而是想換回之前小顆粒的飼料，又或者是我喜歡的抱枕，不知不覺間就會被洗乾淨了。我該怎麼表示，才能讓他們正確地理解我的想法呢？

諮詢貓：小櫻（女生・15歲）

回答

比起感嘆無法互相理解的部分，不如……

不管是人還是貓，基本上大家都是孤獨的生物。如果能被另一方理解，或許我們反而應該感到幸運。

十五年對貓咪來說，也許是很長的一段時間，但時間長也不代表就能夠完全了解彼此。此外，人的喜好與想法也會隨年齡不斷改變。小櫻對於飼料的喜好、喜歡的空間或被窩，應該也曾經改變過吧。

話又說回來，他們應該也有了解的部分不是嗎？像是知道撫摸哪裡妳會感到舒服，或天冷時會幫妳把床移到溫暖的地方等等。

與其感嘆無法互相理解的部分，建議妳可以試著把注意力放在心意相通的事情上唷。

回想
15年前——
嗯？
嗯？
咪
咪
咪
咪
哇！好可愛～
!!
真的相處好長一段時間了呢。
嘿咻
那時真的是得救了——
話雖如此，我喜歡的墊子總馬上被拿去洗。
還真是煥然一新啊……
還有我明明比較喜歡之前的飼料……
今天換新飼料唷
欸
就算一起生活15年，他們還是不太了解我……
吃飽了嗎？
雖然還算好吃啦
飯後摸摸是小櫻的既定行程呢。
但按摩實在太舒服，那些小事就不計較了。
呼嚕
呼嚕
好幸福——

貓咪學

有許多線索能讀懂貓咪的心情

我們人類在察覺對方的心情時，主要是靠關注「表情」，而人類的表情可說是非常豐富。

貓咪的臉也有表情肌，而且其運動也被認為是用來溝通。只是與人類能做出的表情相比，貓的表情或許就顯得沒那麼豐富了。

有研究顯示，在貓咪收容所裡，貓被人領養的速度，與貓臉部肌肉的動作並無相關。

此外，在另一項讓許多人觀看貓的表情，並判斷該表情為正面或負面情緒的研究實驗中，正確率為「只比用猜的要好一點」。在這項研究中，還得出獸醫等專業人士的正確率，會比非專業人士高的結果。

判斷貓的表情也許很困難，但其實除了臉以外，貓還會用身體動作、尾巴、耳朵、鬍鬚或叫聲等來表達心情。因此，飼主還是能透過其他各種線索來了解貓咪的心情唷。

諮詢 4

我想跟人類搭話……

向人搭話時，老師是否也會感到緊張呢？

我的飼主小雪小姐時不時會跟我說話，諸如「吃飯囉！」「你想被摸哪裡呢？」「今天很暖和呢？」之類的問候。

雖然我有用眼神或尾巴回應，但感覺好像不太能傳達。我和妹妹露露都是用鼻尖打招呼，或進行無聲的對話，如果我突然回話，飼主會不會嚇一跳呢？

諮詢貓：可可（男生・2歲）

回答

何不試著「喵」一聲？

遇到語言不通的對象，比如去到國外要向當地人搭話時，我也會很緊張。但如果換做是被搭話的人，我反而並不怎麼在意。

建議你可以放膽地像小貓一樣發出「喵」叫聲，雖然有些羞恥，但飼主一定會馬上察覺，並給予回應的。

無論搭話的內容為何，天氣的事也好，「肚子餓了」也行，最重要的是要先出聲。

如果無法傳達也不要放棄，不僅聲音，也許你也可以搭配耳朵或尾巴的動作，嘗試利用全身來溝通。

差不多要到吃飯時間了呢？
還是得等小雪的工作告個段落吧？
在說什麼呢？
但她看起來很閒了？
那是她在逃避現實唷
如果能跟可可和露露講話，
該有多幸福啊～
哈～
你們在說什麼呢？
哎呀，你聽得懂我們的話？
趁著這機會，我要說同一種飼料我已經吃膩啦！
沒錯沒錯，玩具也都一樣！
喵喵
喵喵
但一定全都白搭，
果然還是維持現狀最好呢？
哎呀☆
完全沉浸在自己的世界……
應該是累了呢……

貓咪學

「喵」是貓咪為了人類發出的叫聲

其實成年的貓之間並不會使用「喵」（英文meow）這種叫聲溝通。據說這種聲音原本是小貓對母貓發出各種要求時的叫法，只是後來被貓咪們用來對人類使用。

有研究指出，貓咪們的「喵」與祖先亞非野貓的「喵」相比，有對人類而言變得更悅耳的現象，可以說貓在與人類共存的演化過程中，讓「喵」叫聲進化了。

但要說人類對於貓的這聲「喵」又有多少理解，結果恐怕是差強人意。

有項研究是讓許多人聽在各種場合錄下的「喵」叫後，請人們回答該聲音出現的場合，然而人類的正確率卻不怎麼高。

不過，該報告指出有養貓的人，跟沒養的人相比會有更高的正確率，而且叫聲也會依情況有聲學上的差異，因此人或許還是能夠在與貓咪的互動中不斷學習。

諮詢 5

我討厭拍照！

老師有聽過Instagram嗎？聽說我在那個東西上是隻網紅貓呢。

飼主菊池小姐每天都會上傳我的照片，我的粉絲也與日俱增。

但其實，我並不喜歡被手機或相機拍，因為就連我在睡覺或上廁所時，主人也都會拍下來。

不管怎麼說，這樣也太羞恥了吧？

諮詢貓：里奧（男生・5歲）

回答

換個角度想，把拍照看作主人「愛的表現」如何？

聽說里奧是從社群媒體爆紅，一躍成為網路紅貓，還曾上過雜誌封面對吧。而這已足以證明你的外表與性格很有魅力呢！

里奧應該也有從粉絲那裡收到過小點心？就算無法直接見面，當人們想你時就會看照片唷。只要有智慧型手機，無論何時何地都能看到你的照片。這就好比里奧聽到主人的聲音時，也會想起主人吧？

雖然如廁中的照片確實有些不太雅觀，但粉絲無論什麼姿態的里奧都會覺得很可愛唷。身為療癒大家的存在，偶爾也不妨服務粉絲吧！

發呆
今天的里奧照我就收下了～♡
喀擦
今天也好可愛啊♡
又在拍？
上傳完成♪
大家都說里奧好可愛呢～
菊池小姐經常拍照……
我其實覺得有點困擾。
因為……
休息時
喀擦
連我上廁所都……
這也拍？
喀擦
里奧真的好可愛呀～
哼哼～
喀擦
喀擦
喀擦
但主人開心就好吧♪

貓咪學

貓能以照片與聲音辨別飼主

貓雖然有如88頁介紹的暗視覺與絕佳的動態視力，但其實牠們的視力並不好。然而，牠們還是能以視覺辨別我們人類。

不僅有研究顯示「貓能辨別照片顯示的表情」，更有報告指出貓能以臉部照片辨別飼主，甚至還能由飼主的聲音聯想飼主的臉。

在我們的研究中，得出貓能區分飼主與他人的聲音結論（參照22頁）。而身為貓咪研究者雲集的「CAMP NYAN TOKYO」組織成員，高木佐保小姐則進行了另一項研究，並得出以下結果。

在這項實驗中，實驗者會先對貓咪播放飼主或陌生人的聲音，接著再展示飼主或是陌生人的臉。而當出現的聲音與臉不一致時，貓會表現出好像是出乎意料（驚訝）般，長時間注視著畫面。不過，這個行為傾向只出現在貓咪咖啡廳的貓身上，一般家庭的貓則沒有這種傾向。

由此可知，貓應該是會從聲音聯想到人臉。

諮詢6

希望主人能有「變化」

我很不喜歡老是被摸同一個地方，或反覆進行相同的玩法。

但是，飼主平野（妻子）一旦迷上了一件事，就會永無止境地一直做。即使我已經膩了或失去興致，她還是會一個勁地繼續下去。

這樣千篇一律的互動方式，老實說真讓我有些吃不消啊。

諮詢貓：桃子（女生・2歲）

回答

討厭的時候只要躲起來就行！

我認為沒有必要配合飼主，桃子有桃子自己的步調，應該受到尊重。妳的時間屬於妳。無論是人還是貓，想要怎麼運用時間，他人都不能干預。

但是，因為是一起生活，建議桃子偶爾還是可以配合一下人類的步調。只要在妳有心情時，好好地跟主人互動，相信她會感到非常滿足的。

當然，討厭時也可以迅速地躲藏，這種傲嬌的態度正是貓的特權。希望桃子能靈活地應對，不要為了互動而備感壓力囉。

桃子～舒服嗎？
妳喜歡被摸這裡對吧♡
怎麼老是摸同個地方？
啊咧？妳要去哪哇？
咚咚咚
我膩了……
那……那麼我們來玩這個吧？
扭頭
那個我已經沒興趣了
桃子～
揮動
欸？明明之前都很開心的……
失望
真是的…居然露出那種表情
桃子～妳果然喜歡這個玩具呢！
哈哈～哈
嗚～喵～
就陪妳玩玩吧

貓咪學

貓與人的時間感不一樣

過去曾有本紅極一時的書《大象時間，老鼠時間》（本川達雄著，中文版為方智出版，一九九七年），裡面提到即使動物的壽命各不相同，但一生中的心跳與呼吸次數卻是一樣的。

小型動物有壽命較短、心跳較快的傾向（當然，這並不代表身體的大小決定了壽命與心跳次數，比如也是有小型犬比大型犬長壽的傾向）。

因此，動物對於時間的感覺都不太一樣。

我們感覺的一分鐘，對貓咪而言說不定大約有三十分鐘這麼長。或許正是人貓之間的時間感差異，造就了貓咪喜怒無常的形象。本書的147頁，也介紹「明明貓好像被摸得很舒服，但卻突然咬人」的行為，而這點可能也與時間感的差異有關。

當然，每隻貓都有自己的個性，但為了不要讓貓咪有壓力，建議在各方面還是都不要做得太過比較好。

諮詢 7

主人好像在說我的壞話

飼主YURI小姐是個想到什麼就說什麼的人。

前陣子，YURI小姐的朋友來作客時，我發現她好像在說我的壞話。

雖然她總是很溫柔，而且我也很喜歡她會經常在只有我倆時陪我玩耍。不過啊，YURI小姐是不是以為我聽不懂人話呢？

諮詢貓：小空（男生・11歲）

回答

可以積極表現出你有聽到喔！

當人口出惡言，最後那句話都會回到自己身上。但話說回來，明目張膽地當著本人的面講壞話的人，真的非常少見。

我相信飼主一定非常重視小空，只是在朋友面前感到害羞，才用了有點貶低的詞彙。畢竟也有人在面對稱讚時，無法坦率地表達喜悅呢。

既然有人會高喊自己養的貓是「天才」，也一定有人會為了隱藏害羞而不由自主地說自家貓的壞話。這樣的行為雖不可取，但還真沒辦法呢。

如果下次小空又被說了什麼，建議你可以試著向主人強調你有聽到，如此一來她必定會察覺到你的心情。

看著小空，我也想養貓啦～
欸～?!
他很可愛呢～
小空很自我中心，我總被他耍得團團轉，很是困擾呢～
也不是那麼回事～
那樣也很可愛吧～
我有時也會想，這傢伙到底是怎樣呢！
她說什麼？
他是不是聽得懂啊？
欸～
喵
吼
啊⋯果然⋯⋯
打擾了～
掰掰～
小空
小空～對不起
下來啊
反正我就是自我中心嘛
哼

貓咪學

貓聽得懂
人類在罵牠們唷

只要一喊「吃飯飯」，貓就會跳起來，因此有養貓的人或許都會覺得貓咪能聽得懂人話。

有報告顯示，狗只要經過訓練就能分辨一千個以上的單詞，然而直到最近人們才開始研究「貓是否能理解人類語言」。

在我們的研究發現，貓能辨別自己的名字，以及相同長度與音調的詞彙。

當然，由於貓並不像人類一樣有自我認知（參照134頁），因此我們不能認定牠們知道該名字指的就是「自己」，不過我們可以說牠們能辨別人的聲音與表情。

另外也有報告指出貓能分辨人憤怒的聲音與笑聲。在了解牠們能識別正面與負面的話語時，我們還是別在貓能聽見的場合說貓的壞話吧。

此外，人們還常說在罵貓的時候不要喊名字，以免牠們對自己的名字留下壞印象。

諮詢 8

為什麼要盯著我看呢？

我的主人翔太先生是個寡言少語的人。不過，他總是會為我準備美味的飼料與點心，每天也都會用玩具陪我玩。

雖然他不太向我搭話，但不知為何，他會一直盯著我。感覺他好像想傳達些什麼，可是他都不說話，所以我也不明白。

而且，一直被盯著不會覺得很害羞嗎？

諮詢貓：小麥（女生・6歲）

回答

享受眼神交流的樂趣！

當眼神交會，飼主向妳眨眼時，小麥不妨也眨眼回應吧。相信妳的主人一定會因為心意相通而欣喜不已。

雖然人們常說「感謝的心情不說出來就無法傳達」，然而就算語言不通，也會有彼此心領神會的時候。相反地，說出口的言語有時也會產生不必要的誤會呢。

貓與人雖然語言不通，但還是能透過眼神交流來傳達彼此的心情，不是嗎？

小麥也不要感到害臊，試著享受與飼主眼神交流的樂趣吧。相信你們一定在默契十足的互動中，體會到心心相印的感覺。

我的主人翔太是個話很少的人。
是飼料唷～
放下
是飼料呢
喵
來玩吧？
是玩具呢
他總是以目光向我搭話，
接下來會是什麼呢？
嚇
今天妳也是世界可愛呢！
眨眼
但總覺得，有點害羞啊。
雖然很開心啦

貓咪學

貓其實很擅長與人類以眼神交流

人在表達戀慕之情時，彼此會互相注視。可以說人類的對視含有正面的意義，可是這在動物界中卻是十分罕見的行為。

因為對於許多野生動物而言，眼睛對視具有威嚇等強烈負面意義。

然而像貓狗這些已和我們人類成為夥伴的動物，牠們與人的對視就具有正面意義。

有報告指出，貓和狗都會向與牠們對到眼的人索求飼料，且在遇到不太能理解或不安的情況時，牠們會望向飼主的臉。

據說尤其是在與狗對視時，狗與人雙方都會分泌號稱「幸福荷爾蒙」的催產素。

此外，最近的研究中還顯示，當人向貓眨眼時，貓也會眨眼回應；更有報告指出當人眨眼後，貓會更願意親近。這說明也許眨眼在人與貓之間，具有打招呼或表達愛意的功用。

諮詢 9

為什麼不拜託我呢？

同住的柴犬巧可，每天早上都會到玄關咬回爸爸要看的報紙。

我也試過，但報紙真的有點重。不過，如果是巧可在滾動的球，或是海斗君的玩具的話，我也拿得動唷。

可是讓我感到不滿的是，爸爸每次都只對巧可說：「拿過來！」明明我也辦得到的說？

諮詢貓：小丸（男生・1歲）

回答

讓主人注意到「你也做得到」

巧可是隻聰明的狗呢！的確，狗比較擅長接受人類的指示，像是去取回物品等。

但是，貓也有能做到的事，建議小丸可以讓主人注意到這點。報紙對貓來說也許體積過大，但下次當爸爸呼喚巧可時，小丸也可以一起前去看看？

這麼一來，主人或許就能發現原來小丸也辦得到。

另外，你也可以與巧可商量，兩隻一起同心協力也很不錯？看到貓狗互助合作的模樣，主人一定會既驚訝又開心。

爸爸要看報紙嗎？
巧可，謝謝你每天幫我拿報紙。
這沒什麼~
不滿
我也做得到！
嗚呼呼
為什麼都移不動呢？
對你來說太重了吧？
啪
巧可、我要丟囉！
隨時都行
哈氣哈氣
啥!!
又只叫巧可！
汪汪
嗚喵
欸、小丸也！
結果自顧自玩起來了。
啊哈哈
示威
我贏了喵
主人在等球唷？

貓咪學

其實也有報告指出貓比狗更能遵從指示

據說狗是人最早馴養的家畜，狗與人共事已有很長一段歷史，因此各種研究都顯示，狗非常善於理解人發出的信號或舉動。

另一方面，關於貓最有名的說法則是，牠們是以捕鼠動物的身分開始與人類共存，因此貓並沒有經歷「與人類共事才能存活下來」的淘汰機制，而這也使得「貓是否能理解人發出的指示或指引」等相關研究比狗還要晚上許多。

而在實際調查中發現，貓其實也跟狗一樣能依循指引找到飼料。

該實驗是在人的左右兩側各擺一個箱子，讓貓與狗依循人指出的箱子找到飼料吃。結果實驗報告指出，依據人離箱子的距離，貓的表現有時反而比狗要來得好。

人們常認為跟狗相比，貓比較無法理解人的行為，但其實貓也非常聰明。

諮詢 10

我不喜歡新來的貓

最近我們家來了隻名叫山本的新貓。他跟我一樣是摺耳，只是毛色不同。

飼主幸子小姐為山本準備了新的廁所跟床，但不知道為什麼，他總會在我的廁所裡解決。

當然，如果他睡在我的床上，我會立刻把他趕走。

但總覺得他這樣很討厭啊。

諮詢貓：栗子（女生・4歲）

回答

可以教他家裡的規矩

如果自己的廁所跟床被他人使用確實會感到不開心。就算是有血緣關係的手足，當自己的空間被弄亂時，還是會吵架的呢。

但是，栗子可不能欺負對方唷。這樣的話，覺得栗子與山本能好好相處，才決定一起生活的主人會很難過的。

而且山本也許也有優點，栗子何不再觀察一下？

對了，栗子可以告訴山本這個家的規矩。我想他一定只是不清楚，而不是故意搞錯。

兩位也不用急於和解。只要花時間了解彼此，我相信你們一定能處得很好。

最近新來的山本(男生・2歲)
也是蘇格蘭摺耳貓。
廁所在那裡
山本的床是這張唷!
一步一步
山本
栗子
啊、他要去廁所。
欸!那明明是我的廁所!
煩躁
栗子
嗯?!
哈欠
煩躁
山本的床
拍打
拍打
栗子的床
你這是在睡哪!
啪唰
欸欸!
對~不起…我不知道…
真拿你沒辦法…我會告訴你規則,但你要好好遵守唷。

貓咪學

貓咪之中本來就有「不親貓的貓」

貓的祖先是獨居動物，牠們會劃出界線並在地盤內生活。

據說貓是在與人類共存後，才變得能適應群居生活，然而貓還是會劃出界線。當有陌生的個體突然進入自己的地盤，也就是所居住的家中時，貓會產生很大的壓力，甚至有的貓還會威嚇並試圖將對方驅逐出境。

此外，本來就會有較不親貓的貓。如果在「社會化時期」（參照76頁），沒有足夠的機會接觸其他貓時，貓便無法將其他貓視為同種的其他個體，進而變得較不親貓。

若是家中已經養貓，想增添新成員時，應該多加確認彼此合不合得來，一開始先分房飼養，或是將新貓先養在籠中，接著再逐漸增加見面的機會。

又或者可以預設一段會面期間。但如果性格怎麼樣也合不來，就算慢慢磨合也還是會打架時，就需要個別準備籠子，同時規劃出安全的界線。

諮詢11

其實，我有討厭的客人

我的飼主菊池夫婦，會邀請工作上有交情的人們來家裡吃晚餐。

我希望來的客人最好都是成年女性，因為她們性格沉穩，還會很溫柔地撫摸我。

偶爾也會來訪的大叔，只要喝酒後就變得有點吵，這時我就會馬上躲起來。我也曾被說過同樣都是客人，態度也差太多了。

諮詢貓：里奧（男生・5歲）

回答

建議可以偶爾撒個嬌？

能夠在家中招待客人晚餐，相信你的主人一定很擅長做料理，真令人羨慕！

無論是誰都有喜歡、討厭或合拍的對象，里奧喜歡成年女性這點完全沒有問題。擁有明確喜好是件很棒的事。直率的態度一定也能擄獲成年女性的芳心。

雖然我能明白不想與喝醉的人為伍的心情，但是如果態度不同，飼主可能會覺得有些尷尬。

建議里奧可以偶爾試著撒個嬌，說不定那位大叔其實很喜歡貓，還很有幫貓咪馬殺雞的經驗唷？

今天也好熱鬧吶
菊池小姐的手藝很棒呢～
謝謝稱讚
妳也會手作里奧的飯嗎？
不會欸，他好像比較喜歡吃飼料。
嗯？吃飯？
里奧是飼料派的啊～
是個乖孩子呢！
妳要給我飼料嗎？
喵－
哇！是親人的貓呢～
我也喜歡貓～
微醺
咦、對我超警戒欸？
哈氣－
別摸我！
啊哈哈
真是差別待遇。
喵－
喵－
我喜歡大姊姊～

貓咪學

貓咪比起男性更喜歡女性的理由

比起男性，貓更傾向於喜歡女性。人們認為這是因為平均相較下，女性的身形較小，貓會比較有安全感。

一般來說動物的身體愈大，聲音也愈大愈低沉。也許對貓咪而言，高大壯碩的男性看上去十分駭人。

此外，貓咪的可聽域很廣（參考122頁），牠們能聽見比人類更高的音域。而女性的聲音較高，是貓比較容易聽見的音域，這也可能是為什麼貓比較喜歡女性的原因。

然而，人類個體之間的差異很大，光靠性別其實很難斷定。而且，貓咪間也有個體差異，若至今都是由男性照顧的貓咪，可能就會比較喜歡男性。

此外，也許您曾在YouTube上看過貓能忍受孩子的玩弄的影片，但其實也有不少貓很不擅長應付小孩。孩子的聲音雖然跟女性一樣很高，但他們會突然發出很大的聲音，動作也難以預測，這些都會讓貓選擇敬而遠之。

諮詢 12

主人一出門，我就感到不安

飼主小雪小姐總是在家工作。在她工作時，我會安靜地待著不打攪她，但當我叫喚時，她就會陪我玩耍。

然而，當小雪小姐外出購物或洽工時，我就很擔心她會不會回來，妹妹露露倒不怎麼在意……。

我也曾一直守著玄關等待，我的情感是否太沉重了呢。（苦笑）

諮詢貓：可可（男生・2歲）

回答

獨處的時間也很不錯唷

飼主會好好回來的，可可不用擔心。

主人要工作才能給可可買食物跟點心，而她也必須外出採購才能維持生活，所以絕對不是因為討厭你才離家的。

反倒是可可你應該要試著享受主人不在的時光，比如跟妹妹露露玩追逐遊戲，或從窗戶觀察流雲飛鳥？

雖然找到喜歡或有興趣的事情並不容易，但重要的是凡事勇於挑戰。

你也可以把以前常玩的玩具拉出來玩，如此一來，等待的時間一定會猶如過眼雲煙，轉瞬即逝。

……
喵
喵
知道了、知道了，
只有一下下唷。
喵嗚
鬧哄哄
一直在一起好安心
隔天
我出門買東西喔。馬上就回來
欸、妳要去哪裡？
喵嗚
她是不是丟下我們離開了
焦慮的可可
馬上就回來的啦
自我的露露
她會馬上回來嗎？真的會回來嗎？
喀嚓
我回來了，欸、你該不會一直在等我吧？
嗚—喵—
歡迎回家

貓咪學

無法獨處的貓正不斷增加中？

貓科動物裡除了獅子外都是獨居動物，而貓的祖先利比亞山貓也是獨居。

因此，人們一般認為貓非常擅長獨處。實際上，也有許多貓都能整天獨守家中，甚至主人外出旅行留宿一晚也不成問題。

然而在與人類共存後，貓也開始變得能適應群居生活，且貓會對飼主會產生如同嬰兒對父母的依戀情感，這點也相當廣為人知。

在某項研究中，調查當飼主離開三十分鐘與四個小時後返家時，家中貓的個別行為表現。結果發現與三十分鐘後的重逢相比，四小時後再見到主人的貓會發出更多具親近意義的「呼嚕聲」。

最近，有分離焦慮的貓似乎也在增加，在與飼主分離時，這些貓會產稱強烈的壓力反應。由於完全家養等關係，貓與人的關係可能正在逐漸改變。

第2章 生活上的煩惱

日常飲食、如廁與沐浴等，生活的各種大小煩惱其實也不勝枚舉。當然只要飼主能夠理解，問題馬上就能迎刃而解，不過還是會有人類怎麼也不知道的事。

但無論如何，還是要先找人談談，把自己的好惡確實傳達給對方是件非常重要的事。

一定要洗澡嗎？該不該吃討厭的蔬菜？非得自己睡嗎？

相信在相互討論下，必定能找到解決問題的突破口。

諮詢1

我好在意天氣預報的指揮棒

飼主祐介先生每天都會一邊吃早餐一邊看電視。他會用電視確認今天的天氣，但老師不覺得播報員手上那根叫指揮棒的東西實在太棒了嗎？

指揮棒的出現已經變成我的晨間樂趣，尤其星期二的大哥揮得特別好。那根棒子有時也會在晚間的電視上出沒。總之，我一直非常期待指揮棒的出現。

諮詢貓：小白（男生・3歲）

回答

貓貓拳要適可而止

我曾在網路上看過貓咪在電視機前敏捷移動的模樣，甚至還有將這些影片整理成特輯的電視節目，可以說這已是貓咪影片的經典題材了呢！小白能理解畫面中的影像真的很厲害。不過，薄型液晶電視很容易被碰倒，你的貓貓拳可要適可而止唷。

還有，可惜電視中的指揮棒只是影像，沒有辦法真的抓到。

順道一提，除了指揮棒外，足球或冰壺等「球類」運動節目感覺也很有趣。雖然不知道這些是不是你主人的愛好，但建議你也可以試著向主人表示你想看運動節目？

高
嗚喵
等等……
小白～這樣很危險呀～
是指揮棒啊……
嗚—喵
我來轉台吧。
欸、轉到更不行的節目！
喵喵

貓咪學

貓知道影片的物體其實「不是真的」嗎？

貓有狩獵的本能，而該本能的表現方式會隨環境改變。

根據國外研究，只要多給貓吃肉，或經常陪貓玩耍，就能減少貓外出打獵的次數。

而在日本的貓基本上已完全家養，因此應該不會有被貓打獵回來的戰利品嚇到的困擾，然而這並不代表完全家養的貓就徹底失去了狩獵本能。

其實我們還是常看到，當適當大小的物體移動時，貓便會迅速做出反應。即便移動的只是電視或平板螢幕上的平面物體，仍會引起許多貓產生反應，也因此有人特別開發出專給貓咪玩耍的平面遊戲。

然而，雖然貓會有這樣的反應，但根據「CAMP NYAN TOKYO」成員荒堀MINORI小姐的研究，我們逐漸了解到這並不代表貓無法區分二次元物體與現實物體。

如果能消除貓的壓力，在注意安全的前提下，讓貓與畫面中的物體互動也無妨。

諮詢 2

與小鳥感情很好的我很奇怪嗎？

我的飼主佐佐木夫婦有養一隻文鳥，名叫小文。

從小我就會跟小文一起玩，小文也會在我的肚子上午睡，這樣的關係一直持續至今。不過，佐佐木夫婦的孫子來玩時，一看到我跟小文待在一起，不但說這樣很危險，還把我們分開。

貓跟小鳥相處融洽是一件很奇怪的事嗎？

諮詢貓：小櫻（女生・15歲）

一點也不奇怪，請不用擔心

擁有各式各樣的朋友，世界會變得很寬廣喔。

比如說，我們能藉由家鄉不同的朋友得知從沒吃過的美食，或是從年齡不同的朋友那裡認識沒看過的小說或漫畫。

貓是小鳥的天敵，在聽到貓與鳥的感情很好時，也許有不少人會感到很驚訝。但你們從小就在一起生活，所以不是天敵而是朋友對吧？

不同物種的生物也能好好相處，這是一件相當值得開心的事喔。

你好—
爺爺~奶奶~
啪嗒啪嗒
很有精神呢。
來這給你們吃~
嗯！
是說小櫻呢？
啊啊，對耶，是不是在客廳？
我去看看~
小櫻妳可以幫我把這個打開嗎？
喀啦喀啦
好啊 出來外面才能更盡興呢
探頭
呀啊！
？
不能吃！
再見—
啊……那個抱歉啊
就算肚子再怎麼餓，
也不能吃小文呀！
我怎麼可能吃我的朋友啦……

貓咪學

從小在一起就能相處得很好

據說出生後四~八週，是貓的「社會化時期」。

在這個時期如果貓有經常與人類接觸，那麼長大後就算面對陌生人，牠們也能進行交流。人們認為原因是貓在該時期所接觸的對象，會被貓認定為是同種的其他個體。

此現象也類似於雞、鴨雛鳥的「印痕行為」，此行為即雛鳥會把出生不久後看到的對象認成父母，且在長大後還會對其求偶的現象。也許這是一種特殊的學習行為。

不過，貓的社會化對象不僅限於人類，像是狗或者本來該是捕食對象的小鳥與老鼠等，只要在該時期有共同生活的經歷，那麼就算長大，貓依舊能與這些不同物種的動物相處融洽。

當然，我們不能斷言這樣的貓就不會因為狩獵本能突然被刺激起而……。總之，讓貓與小鳥或老鼠等小動物一起生活時，還是要多加留意。

諮詢3

我討厭不乾淨的廁所！

飼主平野夫婦經常忙於工作，長時間不在家。雖然飼料會自動出來，我不必擔心挨餓，但廁所總是很髒，讓我有點無法接受……。希望在我如廁後，能有人馬上清掉呢。

人類不是有自動沖水馬桶嗎？希望貓用廁所也能早日變成全自動式，這樣就能常保清潔了。

諮詢貓：桃子（女生・2歲）

回答

首先要讓主人知道你很在意

廁所煩惱是人與貓共同生活時的重要課題。的確，如果有全自動的貓用廁所，無論是飼主還是貓咪都會輕鬆不少。

但如果桃子家裡沒有自動廁所的話，就必須要有人頻繁地打掃。桃子的飼主很忙碌，建議妳可以試著請主人記得在出門前或回家後馬上清理。比如妳可以表示：「如果沒有清理廁所，我就會上在別的地方！」這樣他們一定就會馬上去清了。

順便問一下，不知道桃子對貓砂有沒有講究？如果不喜歡撒得到處都是，可以選擇大顆粒；想隱藏「東西」的話，則推薦選小粒的貓砂喔。

主人們雖然會晚歸，
打呼
但時間到了，機器就會放飯。
沙沙
吃飯時間到了呢
我過得還挺舒適的。
嚼嚼
但是…
飄散
呼～吃得好飽啊
我一點都不想用髒髒的廁所。
這裡很乾淨呢
我回來了～
桃子～抱歉我晚回家了～
嗚喵
欸、居然尿在這裡！
?
飄散

貓咪學

自己的味道也會帶來壓力

每日相處下，人會漸漸習慣貓砂盆的臭味，久而不聞其臭（笑）。

但我們可不能因為這樣，就對骯髒的貓砂盆置之不理。貓是很愛乾淨的動物，而且貓有伏擊狩獵的習性，所以牠們不喜歡身上沾染味道。對嗅覺靈敏的貓而言，骯髒的貓砂盆也是種壓力。

當廁所太過骯髒時，貓就有可能會在貓砂盆以外的地方「亂尿尿」。

貓咪「亂尿尿」的原因有很多，例如隱藏的泌尿系統疾病、上廁所時曾被嚇到、不喜歡更換後的廁所材質等，雖然這些都必須要留意，但最重要的還是要讓貓砂盆保持乾淨。

最近市面上也有會自動清理的貓砂盆，有興趣的人可以查查看。

此外，有些貓也不喜歡貓砂盆裡有其他貓咪的味道，因此多頭飼養時，廁所數量最好要等同於飼養數量。雖然會很花心力（也很花錢），但還是建議應打造一個人貓都感到舒適的如廁環境。

諮詢 4

有時候我會完全失去動力

我有時候會完全沒有動力呢。雖然飼主ＹＵＲＩ小姐很溫柔，家裡也沒有其他奇怪的貓，住起來很舒適。

但是，就算主人向我展示新玩具，或是聞木天蓼的氣味，我的心情也無法豁然開朗。不知道是不是氣壓的問題……。

最近這陣子，我一直感到很焦躁呢。

諮詢貓：小空（男生・1歲）

回答

要不要試著跑進涼涼的箱子中？

我覺得小空可能是有些心靈疲憊？這種時候不妨試著放鬆身體。你可以試著跑進冰冰的箱子裡，像是裝衣箱或大型器皿等。放掉全身的力氣、舒緩緊張的情緒後，心情應該也會跟著慢慢沉靜下來？

就像漂浮在水上般，甚至看上去就像是小空本身化成了水（！）。

而當主人發現你看起來不像貓的奇異姿態，一定也會又驚又喜唷。

我是隻個性乖巧的貓，但卻不喜歡被抱。
我和溫柔的主人過著舒適的生活，但…
我們來玩新玩具吧～
……
不知為何，有時我就是會覺得焦躁…
你不喜歡啊…
今天沒那個心情…
起身
嘆氣
……
這種時候…
我會假裝自己是一灘水來放鬆。
喵ー真的好平靜ー
冰涼舒適

貓咪學

貓咪擁有能進入驚人場所的奇異身軀

二〇一四年一篇「貓既可以固體，也可以是液體」的論文問世，還榮獲了搞笑諾貝爾獎（針對有些搞怪的研究頒發的獎項）。

該篇論文是針對物理學領域的固體與液體相關定義進行研究，並在其中發表了「貓能變化成各種型態，因此牠們既是固體，也是液體」的學說。

貓的身體確實能柔軟地運動。尤其在追捕獵物時，牠們會彎曲背骨，形成所謂「貓背（駝背）」的形狀，或是將身體像橡膠般拉得老長。在鑽入洗手台的水槽或金魚缸等空間時，貓也都能像水一樣自由地變成該容器的形狀。

我想這篇論文的靈感，應該就是出自於貓這樣看起來既是固體，卻又像液體的姿態。

貓咪有時會進入令人出乎意料的驚人場所，這也許是因為牠們全身被毛皮覆蓋，在尋找涼爽的場所時最終跑進了那裡；又或者是貓在尋找能讓牠們感到安心的狹窄空間，因此請偶爾將那些地方讓給貓貓吧！

諮詢
5

我被主人踩到了！

昨天半夜我睡在客廳時，飼主翔太先生踩到了我的尾巴。我嚇了一大跳，還不小心發出了怪聲……。翔太先生看上去很慌張，還頻頻道歉，感覺他應該不是故意的。

不過，為什麼人類在黑暗中會踩到我的尾巴呢？他們看不見嗎？

諮詢貓：小麥（女生・6歲）

要不要試著睡在主人的臉旁邊呢？

沒錯，妳的主人並沒有惡意唷。雖然也有可能是睡迷糊了，但人類在暗處，是看不太清楚東西的位置或腳邊的事物。

原因在於人類與貓在生理構造上的差異，這是沒辦法的事。如果實在不想被踩到的話，小麥只能留意不要睡在主人行走的動線上了呢。

話說回來，妳也可以試著跟主人一起睡喔？

不過要記得不能睡在腳邊，不然主人睡覺翻身時妳會被壓扁。我推薦小麥睡在床上靠近主人臉的位置。一起睡的話就不用擔心會被踩到，而飼主也一定會開心地為妳保留枕邊的空間呢。

呼—
呼—
喀嚓
廁所廁所
發—呆
噗嘰
哇!?
小麥!?
嗚嘎—
哇啊、小麥抱歉~
你走路在看哪!
喵—
太黑了我沒看見

貓咪學

在黑暗中也看得見的特殊眼睛

貓咪是夜行性動物，牠們的視覺只需要一點光線就能運作。與人類相比，貓只需人類所需的五分之一～七分之一的亮光就足以看見物體。

這其中的奧祕就在於視網膜後方名叫「脈絡膜層」的這層膜上。脈絡膜層具有反射板的作用，它能反射通過視網膜的光，並將光線再次打到視網膜上，讓眼睛在黑暗中也能輕易看見物體。而這層脈絡膜層也是貓的眼睛為什麼會在黑暗中閃閃發光的祕密。

此外，貓的眼睛就身體比例來說，算是相對偏大的器官。在黑暗中，牠們的瞳孔會變得又大又圓，用以大量吸收光線；相反地在明亮處時，瞳孔則會變細，好讓光線不那麼刺眼。

然而，雖然貓眼的夜間視力極佳，但其實牠們的視力比人類差很多，據說只有人的十分之一。不過牠們非常善於看清移動的物體，也就是說牠們還具有利於捕獵的優異動態視力。

諮詢
6

明明我就有聽到喀拉喀拉的飼料聲

昨天我聽見飼主海斗君打開飼料盒的聲音，於是就跑到廚房，結果卻發現沒有飼料。

居然這樣欺負貓，太令我震驚了！我分明就有聽到飼料盒打開的聲音。

那個紅色盒子裡裝著超～多飼料，這我可是知道的喲。居然敢騙我！

諮詢貓：小丸（男生・1歲）

回答

主人只是在換容器，並沒有惡意

不不，那只是主人在把飼料從盒子換裝到保鮮盒中，你的主人絕對沒有惡意唷。

欸、你問為什麼要換裝？這是因為決定好一天份的飼料後要分裝，這樣才能讓小丸隨時都能吃到新鮮的飼料啊。

這是為了小丸著想，他絕對沒有要騙你的意思。

不過，小丸的耳朵可真好，而且你居然還記得飼料放在哪個盒子裡！飼主知道的話肯定會很訝異呢。

呼嚕
喀吵喀吵
驚醒
喔！這聲音是！
跳下
我在做什麼居然會在放飯時間遲到
我只是在分裝你的飯唷。
沙沙
耳朵真靈～
久等了！請放飯～
嗚—喵
還沒到吃飯時間唷。
你說啥?!
嘰
居然騙我太過分了喵～！
的確會生氣呢…
啪哩啪哩啪哩啪哩
啪哩啪哩啪哩啪哩

貓咪學

貓會透過聽覺感受看不見的物體

本書的122頁也有提到，貓的耳朵非常敏銳。人們認為這是因為牠們要藉由物體聲響，來找出躲藏的獵物。

貓咪不僅聽力絕佳，牠們還能透過聲音直接預想到尚未看見的物體。

「CAMP NYAN TOKYO」的成員高木佐保小姐，曾做過一項在貓的面前晃動箱子的實驗。

實驗中晃動箱子時，有無聲與有聲這兩種狀況。但實驗又製造兩種違反物理法則的情境，一是晃動箱子時明明沒有聲音，但翻轉箱子時卻有東西掉落；二則是晃動箱子時有聲音，但翻轉箱子時卻無東西掉落。

結果跟面對合理情境（有聲音且有東西掉落，及無聲音且無東西掉落）時相比，在面對不合理的情境時，貓會出現嚇到般的反應。

由此可知，貓能理解「響聲與箱子裡是否有東西」這兩者的因果關係，並預想尚未看見的事物。

諮詢 7

就算獻上獵物，主人好像也不開心

我很擅長捕獵，捕捉從陽台鑽進來的蟬對我來說簡直易如反掌！

好不容易捕到的東西，我想說也給菊池小姐看看，於是就放在了桌子上，但她好像完全不開心，還馬上把牠丟掉了……。

她是不喜歡蟲子嗎？

諮詢貓：里奧（男生・5歲）

回答

想想這是否在強迫對方「喜歡」呢？

自己重視的事物對他人而言卻一文不值，這是常有的事。雖然這樣的錯過令人有些難過呢。

這種價值觀差異在人與人間都會發生，又更何況是貓與人，重視的事物不同是理所當然的事。

也許對里奧而言，自己捕到的蟲子是寶物，但對人類而言很遺憾地就只是隻蟲而已。

此外，打獵後應該會處於情緒高漲的狀態，這時建議里奧可以先深吸一口氣，試著思考主人到底會不會喜歡這個獵物呢？

盯
總覺得有不好的預感…
就現在！
呃啊！
咚
捕獲!!
死寂
平時受到主人的照顧……
我回來了
哼哼♪
欸？
呀啊啊啊啊啊

貓咪學

展示獵物也有可能是貓在「教導」

擁有狩獵本能的貓會捕捉蟲子等東西，且有時牠們還會把捕到的獵物向主人展示。

這種讓飼主感到無奈的行為，其實很有可能是因為貓咪想要教飼主該怎麼狩獵。

事實上，貓會有動物中相當罕見的「教育」行為，而這裡的「教育」是指親身做出狩獵等應教授的行為，來促進不成熟的個體學習。

人們還發現就連與人類最相近的黑猩猩都沒有發現這種行為。

據說貓媽媽在教小貓怎麼狩獵時，一開始會先抓死老鼠，而後漸漸改抓活生生的老鼠，藉此來教導小貓吃老鼠以及狩獵老鼠的方法。

然而，教育飼主打獵不過只是個假說，貓也很可能只是想將獵物叼到安全的地方自己食用罷了。但無論如何，牠們都不是在找麻煩，因此請不要責罵貓咪，只要悄悄地把獵物處理掉就好。

諮詢 8

我想鑽進狹窄的地方

我專用的貓跳台非常寬廣，能環顧整個家裡。不僅能看見妹妹露露在哪裡，也能看到飼主小雪小姐工作的地方。

待在高處時，好像也有貓會有居高臨下的快感。

但我總覺得不太安穩。其實，我比較喜歡狹窄的場所。有沒有那種昏暗、不把身體縮起來就進不去的狹窄空間呢？

諮詢貓：可可（男生・2歲）

我推薦衣櫃喔

狹窄的地方很安穩呢。人類也一樣，被溫暖又舒適的東西包裹時會感到很安心。

不過要推薦的話……衣櫃的深處如何？掛著洋裝、長版大衣的周圍附近都是衣物，你應該會感到很安穩。

不過，如果完全靜悄悄地躲起來，飼主會擔心可可是不是不見了，因此在聽到主人叫喚時，還是要馬上出來唷。

對了對了，不要讓主人知道你把毛黏在大衣，不然你就會被拒於衣櫃門外了。

待在制高點環顧四周是我的每日任務。
啊…那樣會被罵呢……
但老實說，高處讓我很不安穩。
跳下—
右盼
左顧
我最喜歡昏暗狹窄的地方。
啊、如果是這裡的話…
可可—吃飯囉—
嗚喵
我找～到喜歡的地方了
就是這個！
嗯～超棒的

貓咪學

躲進狹小的地方是貓的習性

據說貓的祖先在睡覺時，會躲進洞穴或岩石的縫隙中休息以便自保，所以狹小的空間或周圍有東西包圍的地方，對貓來說應該是個安穩的地方。

養貓時，設置貓跳台等能讓貓位居高處的地方固然重要，但其實您也必須要規劃貓能藏身的地方。

將身體蜷縮在狹窄的地方，還能避免體溫流失。由於貓的祖先大多生活在溫暖的地區，許多貓都很怕冷。

此外，還殘留野性的貓咪在身體不適時，會選擇躲到人看不見的地方。以前的貓大多在戶外與家中自由往來，因此常會聽到「貓快走的時候就會消失」的說法。

然而最近的貓已經幾乎都是完全家養，應該是不會有忽然間銷聲匿跡的情況。不過，當貓躲進狹窄的地方不肯出來時，就有可能是房間太冷、身體狀態不佳或是家裡太過吵鬧等，飼主應多加留意。

諮詢9

飯飯裡出現討厭的蔬菜！

我最愛吃了。不只飼料，飼主麻衣小姐給我的點心我也吃得津津有味。

同居貓小黑吃剩的飼料，我也會算準時機，吃乾抹淨。不過，麻衣小姐好像也希望我偶爾能吃點蔬菜，晚餐裡有時會出現高麗菜或萵苣的葉子。

但我完全不想吃它們，老師覺得我還是吃一點比較好嗎？

諮詢貓：小白（男生・3歲）

回答

不想吃的話，不吃也行

貓是肉食性動物。飼主肯定是為了你著想才會這麼做，但小白如果不想吃也沒關係的。

反倒是吃太多零食或清掉同居貓的剩飯，這類行為讓我比較擔心，因為吃太多而變胖的話會很容易生病，要盡可能適量唷。

此外，還要記得好好喝水，也別忘了爬上貓跳台等，適度地運動。

這樣小白才能一直健康地享受美食，並與飼主度過愉快的時光。

打呼ー
小白有點…太胖了呢…
嗯…
小白ー 小黑ー 吃飯囉～
抬頭
圓睜
呼嗯
好的好～的 馬上來～
噹～噹～噹～♪
為了健康，你也要吃點蔬菜唷！
我的是普通的飯飯
加入蔬菜的飯
蛤？這是啥？
這東西很礙事的說！
果然行不通呢…
還會靈活地挑出來呢…
真是的！
呸

貓咪學

建議不要餵貓吃蔬菜或青魚類的魚種

與雜食性的狗不同，貓是完全肉食性的動物，這代表貓顯然不需要額外攝取蔬菜。

另外，還有論文顯示，餵貓吃青魚類的魚種會有致病的風險。以前，很多人都會將白飯上撒有柴魚片的手做料理餵給貓咪，我想這是因為過去尚未有相關的研究，導致人們對於「貓怎麼吃才是真的營養均衡」有諸多誤解。

現在坊間市售的貓食會依年齡或健康狀況分成許多種類，各位可配合貓咪的狀況挑選。

也許有些貓很挑嘴，這時就可以購買小包裝，找出貓喜歡的味道，或試著將多種貓食混合。而遇到很容易吃膩的貓咪時，則建議可將多種貓糧輪著餵。

此外，在食物附近也別忘了擺上新鮮的飲水。雖然貓的祖先生活在沙漠，因此貓擁有不太需要喝水的體質，但為了預防腎臟病，還是要把水放在貓能經常飲用的地方。

諮詢10

我沒有食慾

我很愛吃東西，但飼主ＹＵＲＩ小姐餵給我的飼料卻不怎麼好吃。

老實講，它們讓我沒什麼食慾。就算碗裡有飼料，我也不太想吃。

偶爾給我的點心就很好吃，但她不太常餵給我。

我聽說人類也喜歡吃好聞的食物呢，香氣果然很重要吧？

諮詢貓：小空（男生・11歲）

回答

要不要嘗試嗅一下飼主的飯？

你的飼主可能沒發現貓也能分辨氣味差異，建議小空可試著表達自己也有食物的喜好。

此外，你也可以提醒飼主，不要一直把飼料擺著讓你一點一點地吃，而是在早晚固定的時間準備新鮮的飼料。

還有點心偶爾吃一點就好，吃太多對身體不好唷。

而正如你所說，人類也很喜歡香味四溢的飯菜。當下次飼主用餐時，你就去嗅聞食物？這樣飼主一定就會發現你能分辨氣味。

不過，小空可絕不能對飯菜出手唷。

來，吃飯囉。
我不喜歡這個…
扭頭
又來?
真苦惱～
只吃點心這樣會營養失衡的…
喵～嗚～
你餓了吧～
聞起來很香吧。
啊
難道說
開封3週的貓糧
FOOD
剛開封的味道很香呢♪
吃得真香♥
嚼嚼
小份裝飼料
Food

貓咪學

貓吃得少可能是因為食物太涼了

貓擁有怕燙的貓舌頭，所以有人可能會認為飼料該給冷的東西比較好。然而，當食物太冷又沒有香氣時，貓有可能就不會將其視為食物。貓的嗅覺比味覺更發達，所以牠們會用聞得來判斷東西能不能吃。

開封後放進冰箱冷藏的罐頭食品等，建議應用微波爐等稍微加熱後再餵食，溫度不熱不冷，大約是野貓捕到的獵物體溫（30～40℃）。

此外，開封有一段時間、氣味已經飄散掉的貓糧，對貓來說可能就比較沒有吸引力。因此飼料開封後，應確實封緊袋口，或是換裝到密封容器中以避免香氣流失。

順道一提，擁有對溫度敏感的貓舌並不是貓的專利，只有人類才會吃熱到冒煙，或冷到像冰一樣（寒帶動物也許有特例）的食物呢。

諮詢 11

主人強迫我洗澡

我不喜歡水。雖然我喜歡喝水，但是被放到水裡我覺得很可怕。

話雖如此，飼主佐佐木夫婦偶爾會想讓我洗澡，明明我也沒髒！

人類也不喜歡突然就去洗澡吧？身上的毛會變得溼答答的不是嗎？欸、您說不會討厭嗎？人類還真是奇怪的生物啊……。

諮詢貓：小櫻（女生・15歲）

回答

舌頭舔不到的地方可以洗澡洗乾淨唷

我想小櫻絕對是家中最乾淨的一分子，因為妳每天都整理毛髮呢。

不過，妳有沒有發現還是會有舌頭舔不到的地方呢？沒錯，就是脖子的下面附近。那裡的毛很長，容易藏污納垢，我想就是因為這樣，飼主才會想幫妳洗澡。

我每天都會洗澡唷。浸到溫暖的熱水裡後，心情便會豁然開朗，那天發生的壞事也能一起沖洗乾淨。

小櫻要不要也試著用溫水的暖意放鬆身軀？不僅身體，心靈也能煥然一新呢。

我舔
我舔
今天也乾淨清爽
嗯嗯
不是我要說
我可真會整理毛啊
我已經梳理乾淨可以被摸摸了吧？
喵——嗚——
好好～我知道了。
哎呀、小櫻的這邊好像有點髒啊？
呼嚕呼嚕
她好一陣子沒洗，我們就這樣抱她去洗澡吧？
小聲
什麼要洗澡!?
哎呀呀…好像被她聽到了呢。
是呢…
奔逃
我絕對不洗——

貓咪學

長毛種要使用刷子與沐浴清潔

據說貓的祖先是生活在沙漠地帶，乾燥的地方不太會弄髒，因此貓並沒有用水清洗身體的習性，所以也有不少貓很討厭水。

此外，貓有許多行為都是為了伏擊狩獵進化而來，為了不被獵物察覺，在弄髒時牠們會自行清理毛皮，而且貓也幾乎沒什麼體臭。

也就是說，大部分的貓其實都沒有必要洗澡。以短毛貓為例，只要不是處於換毛期，就算飼主沒有頻繁梳理也不成問題。

不過，長毛種的貓就需要護理了。牠們自行舔拭整理後，會將毛髮吞進肚子裡，造成貓咪嘔吐。這些毛髮也可能在腹中形成毛球。因此長毛貓除了平時的梳理外，還需要定期沐浴。

至於洗澡的頻率，可以向獸醫或寵物美容師諮詢。如果貓咪非常恐懼而失控反抗時，建議也可以交由專業人士協助處理。

諮詢12

我想跟主人一起睡！

我們家的床鋪，是由身為室內設計師的飼主菊池夫婦親自設計。雙人床的尺寸相當寬敞，使用同塊木頭的床頭櫃也很時尚吧？

雖然客廳有我的專用床，但它有點狹小。

如果可以的話，我也想跟主人們在寬敞的床上一起睡，不行嗎？

諮詢貓：里奧（男生・5歲）

回答

沒什麼不行！（尤其冬天）

飼主有拒絕跟你一起睡嗎？

如果沒有，我想只要是有養貓的人，誰都會想跟貓一起睡。嘛、可能還是有例外……。

至少我本人非常歡迎！話說如果是夏天，人和貓應該都會覺得有點熱；但若是涼颼颼的冬天，飼主應該會很開心地歡迎你進到被窩喔。在飼主氣味的包圍下，一定能睡得很安穩吧。

啊、以防萬一，里奧可以先確認一下飼主的睡相，巧妙地躲避翻身，找到絕佳的位置。

希望他會喜歡～
我們找到超適合里奧的床了！
哎呀、是新床？
馬上進去了耶!!
看起來很舒服♪
嗯、真不錯～
呼 呼
他看起來很喜歡，真是太好了～
我們也差不多來睡吧。
哈欠～
既然里奧也睡在那張床上了
睜眼
跳
踏踏踏踏
踏踏踏踏
欸、晚上果然還是會想睡寢室嗎？
趕快睡吧－
喵－嗚－
等在床上的里奧
我們翻身可得小心了。

貓咪學

貓在天冷或撒嬌時會想跟主人一起睡

貓是很怕冷的動物，在寒冷的冬天許多貓都會想潛入被窩與主人共眠。對飼主來說，和愛貓同睡時，也能把貓當成舒服的保暖袋，享受幸福的一段睡眠時光。

有些貓咪睡在飼主的身邊時，還會表現出吸吮人的手指等行為。這是因為貓本來就會有將飼主視為父母的傾向，例如發出喵喵叫的聲音（參考34頁），或是從獲取食物形成依戀（參考66頁）等。想要與主人一起睡，可能也是一種撒嬌的表現。

雖然我們人類會極力地想要消除體臭，可是貓咪之中，也有貓很喜歡人類腋下的氣味呢（不過也有些貓則是喜歡腳臭……）。

也就是說，貓咪會想一起睡，有可能是這樣就能盡情地聞到最喜歡的腋下氣味也說不定。

第3章 身體相關的煩惱

修長的尾巴、高挺的耳朵，還有大範圍開展的鬍鬚，貓咪有許多人類沒有的身體構造。

這樣特殊的貓咪，飼主們都有好好理解人貓的不一樣嗎？為貓咪著想所做的各種事，對貓咪而言真的是舒服嗎……？

貓和人各不相同，生活也因此充滿樂趣。而為了讓貓貓健康長壽，讓我們來傾聽貓咪有關身體的煩惱吧！

諮詢 1

我只要盯著空中看，好像都會嚇到人

飼主翔太先生的女友來家裡玩時，大家會一起吃晚餐。而在吃完飯的時候，總會有一陣水流聲出現。

每當我豎起耳朵朝著音源方向看去時，兩人就會小聲討論著，像是「是不是又出現了？」「真可怕……」等等。

我只是在看有聲音的地方而已，為什麼他們這麼害怕呢？

諮詢貓：小麥（女生・6歲）

回答

請把聽得到聲音這件事保密喔（笑）

小麥看的方向，一定是牆壁內的下水管傳來聲音對吧？看來公寓樓上住的是習慣在晚飯後就馬上洗澡的人呢。

很遺憾的，人類的耳朵沒有貓咪那麼好，因此他們聽不到那個聲音。這便是為什麼當小麥盯著悄然無聲的牆壁看時，他們會想說妳是不是看到什麼不存在的東西，例如幽靈等等。

主人擅自誤會有幽靈而有些慌張的模樣，應該有點有趣？我們就這樣不要揭穿，順理成章地讓他們認為「貓是種神祕的生物」吧（笑）。

妳真的很會做菜呢
呼～真好吃～
今天真會聊呢
謝謝
看看我這肚子啊
豎起
啊哈哈真的好大！
唰啦
唰啦
唰啦
又是那個聲音呢……！
盯
從這裡可以聽得到呢
啊…小麥又再看那面牆了。
真的欸……
緊盯
是不是…又出現了啊？
真…真嚇人…
？

貓咪學

貓能聽見人類聽不見的細微聲音

人類可以聽見的聲音約為20赫茲～20千赫，貓則能聽到55赫茲～80千赫的聲音。

而貓之所以能聽見高頻率的聲音，據說是因為牠們要察覺老鼠等獵物的鳴叫聲。總而言之，我們人類聽不到得許多聲音貓都能聽見（因此市面上才有販售會發出高頻來驅貓的機器）。

貓的耳朵不僅聽力絕佳，牠們還能驅動二十條以上的肌肉，使耳朵左右獨立地轉向各個方向，這樣靈活的耳朵也很適合用於聽音辨位（透過聲音來判定該物體的位置）。

此外，如92頁的介紹，貓會利用這雙靈敏的耳朵推論出看不見的物體。而這也就是為什麼當貓對著人類聽不見的聲音做出反應，並將注意力集中在無法直接看到的物體時，看起來就像「看到了什麼人類看不見的東西」。

諮詢 2

我不喜歡刷牙

有時候海斗君的媽媽會幫我刷牙。

她會把棒子上毛茸茸的部分放到我的嘴裡，然後唰啦唰啦……。

雖然一開始我會討厭地激烈反抗，但看到同居狗巧可乖乖任人宰割的模樣，最近我也已經放棄。

但是，為什麼一定要刷牙呢？人類也會刷牙嗎？

諮詢貓：小丸（男生・1歲）

回答

請放棄抵抗吧

當然，人類也會好好刷牙唷。維持口腔清潔，才能長長久久地品嚐美食，讓我們一起加油。

因為討厭而奮力反抗只會浪費時間，感到痛苦時，我建議小丸應拋下情緒，靜靜地等待時間過去。

俗話說「沒有不會停的雨」，所以也不會有永無止盡的刷牙。

如果不刷牙就會得牙周病，這時你不但沒辦法吃飼料，就連玩具都無法咬著玩。

總之，飼主是希望小丸健康才這麼做，巧可一定也明白這件事呢。

啊、已經是這時間了
我們來刷牙吧~
驚嚇
巧可好乖唷~
噠噠噠噠
好了，結束了，辛苦囉♪
接下來換小丸刷牙…
咦？你有沒有看到小丸？
左顧右盼
不~知道
安靜——
找~到了。
糟了 被逮到了…
抱起

貓咪學

辛勤護理好避免牙周病

貓咪也和我們人類一樣，會因為牙齒上附著食物的殘渣，導致牙垢堆積、形成牙結石，而後演變成牙周病。如果貓咪有很嚴重的口臭，可能就是得了牙周病。

也就是說貓咪也會得牙齦炎、牙周炎這類所謂的牙周病，嚴重時甚至會出現掉牙、牙槽骨吸的狀況，更甚者還可能會引發心臟、腎臟、肝臟的疾病。

為了避免這些狀況，飼主一定要幫貓咪刷牙。建議可使用紗布和貓用潔牙粉（液），每週清理一到兩次，而這時也可以順便檢查口腔。

此外，餵溼食會比餵乾食更容易產生牙垢，雖然這會依貓咪體質而異，但重新檢視貓咪的飲食也是個方法。

然而，如果家中護理仍無法解決問題時，就需要洽詢獸醫。不過替貓咪去除牙結石時，得進行全身麻醉，真的非常麻煩。只能說，平時辛勤地護理才是上上之策。

諮詢3

我的鬍鬚被剪掉了！

每天早上我一定都會安排美容時間，把全身都梳理一遍來展開全新的一天。

是說剛剛，我在地板上發現了掉落的鬍鬚！應該是我的吧？這是怎麼回事，明明我每天都有好好保養的說。

說到這個，飼主平野小姐偶爾會為了替我整理儀容而企圖剪掉我的鬍鬚，但鬍鬚果然是很重要的東西吧？

諮詢貓：桃子（女生・2歲）

回答

請果斷地表達抗議

愛乾淨是件非常好的事呢。不過，鬍鬚是誰也碰不得的部位，因為貓咪的鬍鬚不單只是裝飾，還具有如同眼睛、耳朵般的重要功能。

比如說，當桃子想進入狹窄的空間時，會先用鬍鬚測量距離對吧？

如果鬍鬚全沒了可就麻煩了，妳會因喪失距離感而不小心撞到東西。

然而，自然脫落的就沒有關係，新的鬍鬚馬上就會長出來唷。

至於掉下來的鬍鬚就送給飼主吧！她一定會開心地放入盒中珍藏。

每天早上的美容時間。
梳理毛髮是淑女的常識
數分鐘後
後腿也要清理乾淨
桃子今天也很仔細呢~
喵—嗚—
我舔我舔
嗯?有什麼掉了?
哎呀~是桃子的鬍鬚呢♡
獲得收藏♡
嗚哇♡
奇怪的興趣……

貓咪學

各位知道貓鬍子的重要功能嗎？

貓的鬍鬚又稱「觸毛」，具有觸覺器官的功能。若仔細觀察便會發現，不僅在上唇兩側，貓的下顎及眼睛上方也都有細細的鬍鬚。此外，貓的前腳也有長鬍子，雖然目前還不知道它們的功能為何。

貓鬍鬚的根部連接許多神經，能對各式各樣的刺激做出反應。

貓之所以在黑暗中也能健步如飛，便是因為牠們會利用鬍鬚來確認周圍的障礙物。在貓仍需要靠捕獵來維生的時代，鬍鬚也讓貓在掌握老鼠的要害上立了大功。

此外，當鬍鬚碰到異物時，貓便會閉眼，透過反射動作來保護雙眼。據說貓的鬍子還能偵測溼度與氣壓的變化。

貓咪的鬍鬚會定期重生，所以掉鬍子並不是生病。然而，飼主可千萬不能剪掉還長在貓身上的鬍鬚，因為對貓而言，鬍鬚是猶如眼、耳般非常重要的感覺器官。

諮詢4

我會忘記收起舌頭

老師是會經常照鏡子確認自己儀容的人嗎？雖然我想留意外表，但我實在很遲鈍。話說我有個丟臉的習慣，當我陷入沉思時，會忘記把舌頭收起來。直到佐佐木夫婦的孫子們提醒我：「跑出來囉～！」我這才發現。該怎麼做才能不忘記收起舌頭呢？

諮詢貓：小櫻（女生・15歲）

回答

這樣很可愛，沒關係！

我覺得這樣沒什麼不好，舌頭露出來也很可唷。

不過，小櫻可以舔舔他們的手或臉，來作為提醒的回報。我想孫子們一定很喜歡小櫻若隱若現的小舌頭。

自己認為的缺點，在他人眼裡也可能是魅力所在？世上沒有完美無缺的人類，所以應該也沒有十全十美的貓。

啊、但是貓的身形是完美的，我覺得非常美麗。

如果我是貓的話，大概會不小心一整天都在照鏡子中度過（笑）。

呼嚕—
呼嚕
睡得真香啊。
呵呵
哎呀哎呀，小櫻真是的。
爸爸你看你看
怎麼了呢？
小櫻又忘記收舌頭，就這樣睡著了～
前陣子也被孫子說過呢～
呼喵
她是不是夢到在吃飯啊？
飯？

貓咪學

為什麼貓咪無法看著鏡子整理儀容？

有時我們會看到舌頭露在外面忘記收的貓咪呢。

此外，年紀大而沒了門牙的貓，牠們舌頭也會露在外面。而人們在擔心這樣舌頭會不乾掉的同時，又會覺得忘記收舌頭的模樣十分可愛呢。

順道一提，貓就算看到鏡子中映照出的身影，也不知道那就是自己。看著鏡子且能認出鏡中的身影是自己的認知能力叫作「鏡像認知」，據說能做到這點，就代表擁有自我認知的能力。我們人類大約在是在一歲後半~兩歲左右獲得這項能力。

在調查這項能力的測驗中，測試員會趁受試者不注意時，用口紅等物品在沒看鏡子就不會發現的地方做上記號，接著再向受試者展示鏡子，確認他們會不會去摸那個記號。當小小嬰兒看到鏡子時，他們不是摸自己的臉頰，而是會去摸鏡子中的臉。這項實驗最開始是以黑猩猩為實驗對象，發現黑猩猩與大型類人猿都有這項能力。有報告指出海豚和亞洲象也具有自我認知的能力。

諮詢5

主人感受不到我生氣了！

老師是生氣時，是會寫在臉上的人嗎？還是您會沉默不語呢？

當飼主麻衣小姐開玩笑地碰我身體奇怪的地方時，我會因厭惡而生氣，但這時麻衣小姐卻會莫名開心地喊道：「飛機耳～！」

而她的男友祐介先生也會看著我一起笑。明明我是真的很生氣，該怎麼做才能讓他們知道我生氣了呢？

諮詢貓：小白（男生・3歲）

回答

建議可以躲起來

貓的耳朵往兩側平壓時，形狀從上方看起來很像是飛機的機翼，所以才稱作「飛機耳」。而飛機耳是不用言語就能表達生氣的最佳方式呢。

不過，人類看到貓咪壓低耳朵的模樣時，會因為聯想到小飛機，而忍不住覺得可愛。即便如此，我想你的憤怒還是有傳達到。雖然取笑他人真的很不好，但就算生氣也沒有出手打人的小白真的好溫柔啊。

我建議小白在生氣時可以立即起身離開，然後暫時躲藏。這樣主人便會開始反省，下次再看到飛機耳時就不會再嘲笑你了。

若這樣還是無法傳達時，你也可以輕咬主人，但可別真的咬下去，而是輕柔地給予警告。

他睡得好舒服啊♡
懶散
小白～搔搔你～
!!!
啊哈哈好可愛～
哼哼
看起來好像飛機～
啊哈哈
哎呀…？
你們不懂嘛
小白怎麼了？
說什麼像飛機什麼的——
喂～
小白～你去哪啦？
離家出走？
真是的！我生氣了啦！

貓咪學

貓耳是最善於表達的器官

第一章中有提到貓的臉部表情沒有人類豐富（參照30頁），然而相比之下貓耳的表情可就豐富得多。

心情好時，貓的耳朵會朝前豎立；痛苦時會向下低垂，恐懼時貓耳則會整個平貼，完全看不見蹤影。當貓生氣時則會像本次諮詢的小白一樣，將耳朵往

後壓低。

據說當貓擺出飛機耳時，就代表牠們正因不安而處於預備攻擊的姿態。這時飼主就算試圖安撫，貓咪還是有可能會攻擊過來，所以這時候最好靜靜地離開現場，等待愛貓過一段時間後自行冷靜下來。

順帶一提，當貓專注地看什麼時，有時也一樣會出現飛機耳，不過這時候有可能是牠正對某個事物集中精神。無論貓處於哪種狀況，我們都不要去打擾牠們吧。

諮詢6

當我搖尾巴時會被誤以為心情好

前陣子，我在客廳睡得正香，小學的孩子們卻突然進來開始玩起了電動遊戲。

小學男生為什麼會那麼地躁動！為了遊戲時而開心時而難過，一片遍鬧哄哄。

於是我忍不住啪噠啪噠地揮動尾巴！結果他們居然說：「栗子看起來也很快樂呢！」不不，我這是生氣的表現好嗎？

諮詢貓：栗子（女生・4歲）

回答

他們把貓跟狗搞錯了

這完全是狗的不對，因為狗在感到開心時，會用揮動尾巴的方式來向飼主表達自己的心情。

相反地，貓則是在感到不悅時會揮動尾巴呢。這個差異小朋友們可能並不知道。想要傳達心情不好時，或許搭配飛機耳（參考136～138頁）的動作會更好。

話說回來，有熱衷的事情是件好事呢。就算是玩遊戲，和伙伴們一起快樂玩耍也是一種成長。

栗子就當自己是姊姊，在一旁守護他們吧。但如果真的覺得太吵，也可以逃到別的房間避難。

我回來了!!
暖洋洋
驚醒
打擾了!
咚噠
咚噠
咚噠
咚噠
來玩遊戲吧!
可惡~裝備不夠~
不錯!
還差一點!
太棒了
贏啦!
啪噠
啪噠
你們好吵哇
啊哈哈
什麼啊
栗子也很開心呢!
啪噠啪噠
啪噠
哎呀?妳要去哪?
真是的…就說我不是狗啦
明明剛剛很開心啊~

貓咪學

貓尾巴的動作有這種意思

狗在開心時，會左右激烈地搖晃尾巴；貓啪噠啪噠地揮動尾巴時，則是心情不佳的表現。

在面對過於頻繁的撫摸或叫喚時，貓的尾巴會從最開始的緩慢擺動逐漸變成快速揮動，而這即是牠們的煩躁程度逐間加劇的徵兆。這時您最好停止讓貓感到厭煩的行為，並讓牠們獨處。

貓咪心情好時，尾巴會自然延伸，或卷繞在身體旁。此外，當貓邊走路邊豎起尾巴靠近時，也是牠們心情絕佳的時候。這樣的行為在貓向人類撒嬌、乞求飼料時也能看到。

在貓咪之間，豎起尾巴的行為也有地位較低者向地位較高者問候的意思。更有報告指出，貓會更傾向於靠近尾巴豎立的貓咪圖片。

此外還有一說，豎尾巴原本是小貓要求母貓舔拭肛門以促進排便的行為，然而成年的貓似乎也會這麼做。

而揮動尾巴也會被貓用來回應人類的呼喚（參照22頁），這時你也能看到貓搖晃尾巴。

諮詢 7

我討厭被剪爪子！

我會自己梳理毛髮，也會用紙箱製的貓抓板好好保養爪子。

不過，飼主小雪小姐有時會用指甲剪，修剪我的爪子。雖然不會痛，但我好不容易磨好的爪子就這樣被撿掉，這實在令我無法接受。

人類也不希望喜愛的指甲被弄掉吧？

諮詢貓：可可（男生・2歲）

回答

與主人做個交易吧

好不容易去美甲沙龍做好的指甲，突然被剪掉的話，任誰都會感到很錯愕。可可一定也感到很難過吧。

但是萬一有個閃失，爪子不小心刮傷飼主怎麼辦？貓的爪子十分銳利，有可能會不小心傷到重要的主人。

可可何不為了飼主小雪，只剪掉爪子的前端就好？

如果有好好剪爪子，就能獲得點心。用討厭的事交換快樂的事——

是的，你可以這樣與飼主做個交易。

啪哩啪哩
啪哩啪哩
哈—
真清爽啊—
嗯—
好~了！趁著你正舒爽，我們來剪指甲囉~
抱起
啊…糟了
很討厭吧~馬上就結束，再加油一下~
喵
妳要對我的爪子做什麼—！
掙動掙動
結束了唷~
抱歉抱歉
我會給你零食平復心情的~
喵
什麼！居然想收買我…
…
來、給你！
真是的…就這次不跟妳計較了
哼
下次也要加油喔~
每次都被這招騙到的可可

貓咪學

給討厭剪爪子的貓咪一點獎勵

貓咪是優秀的獵人。牠們能悄然無聲地靠近獵物，匍匐等待出擊。而貓爪的構造正適合這種狩獵模式，在行走時貓能將爪子收起，在必要時又能伸出利爪以擒住獵物。

養在家裡的貓通常不會去狩獵，但牠們仍有磨爪的習慣，以便剝去層狀勾爪的老舊部分，讓爪子常保銳利。

假若貓只在貓抓板上磨爪，飼主應該不會感到困擾。可是貓並不知道貓抓板、沙發或塌塌米之間有什麼不同。

儘管可透過給予輕微的懲罰來幫助貓咪學習，但通常很需要耐心，一般也不建議藉由懲罰的方式來教育貓咪。此外，若不修剪爪子，有時還會發生貓咪不經意地出爪，結果勾住窗簾等物體，陷入身體懸空的窘境。

為避免這些問題，建議各位可使用專用的指甲剪，只剪掉爪子中沒有神經與血管的部分。若遇到討厭剪爪子的貓時，結束後一定要給予獎勵，這樣牠們就會漸漸沒那麼討厭了（雖然還是有個體差異……）。

諮詢 8

被摸太久時我會忍不住想咬人

雖然很喜歡被撫摸，但我有被摸得太多時，就會咬人的壞習慣。

飼主翔太先生的女友來家裡玩的時候也是，在她摸我時，我不小心咬了她……。

先說，我並沒有忌妒飼主的女友，或是想攻擊宿敵的想法唷。

明明應該要覺得很舒服，但為什麼就是忍不住咬下去了呢？

諮詢貓：小麥（女生・6歲）

回答

也許是因為她摸到「跟以往不同」的地方

就算小麥沒有忌妒，但女友可能還是會覺得那就是她被咬的原因。我想她一定很震驚吧。

不過，先跟飼主一起生活的是小麥，所以妳應該不用在意。

話說回來，小麥還記得自己被摸的是哪裡嗎？女友摸的地方可能與飼主總是撫摸的位置有所不同。

肢體接觸在人類之間也是一門學問，應盡可能不慌不忙且穩重行事。

建議小麥可以告訴對方「要被摸這裡」，強調自己覺得舒服的地方。

我去泡茶，妳就隨意坐吧。
打擾了
小麥妳好啊～
哎呀、歡迎
今天妳也在這裡午睡嗎？
如妳所見唷
毛茸茸的，真的好可愛啊♡
等等…今天好像摸得特別久耶
!!
我咬
呀啊
沒事吧！
討厭摸得太煩啦！
看來我還沒被認可呢～
哼

貓咪學

貓有可能不喜歡你撫摸的部位或方式

貓會在明明被摸得很舒服時，突然回過頭來咬人或踢人。這個舉動的原因可能是貓在被撫摸時逐漸產生想玩鬧的心情，或是撫摸的時間太長，又或者是撫摸的位置不佳。

一般來說，貓喜歡被撫摸頭部、喉嚨與頸部附近；腹部與屁股附近則是貓討厭的部位，雖然這點會因貓而異。

此外，關於撫摸的方式，比起悠長緩慢的撫摸，貓咪更喜歡短促的頻率。而為了取悅貓咪，建議在撫摸貓咪喜歡的地方時，不要過於頻繁集中。

有報告指出，與不熟悉的人相比，被撫摸時咬人等負面行為，更容易發生在貓熟悉的人身上（日文有句俗語「披著貓」（猫をかぶる），有裝乖、隱藏本性的意思。可見貓還真的是會「裝乖」呢）。以前摸都沒有生氣的貓，如果哪天突然生氣的話，也許就代表牠已經把你視為是熟悉的同伴了。

然而，如果貓突然不喜歡平時被撫摸的地方時，也有可能是受傷或生病的徵兆，應仔細觀察。

諮詢 9

我明明是胃消化不良，但……

不知道是不是點心吃太多，最近這幾天我的肚子都不是很舒服。於是當飼主平野小姐撫摸我時，我便用喉嚨發出呼嚕呼嚕的聲音，結果她卻說：「看起來很舒服呢～」

不不，我是想表達我消化不良啊。為什麼她會把我的呼嚕聲，誤認成是我很舒服呢？

諮詢貓：桃子（女生・2歲）

回答

人類很可能聽不太出差異

人類可能很難分辨出貓咪呼嚕聲的差異。

由於人不會發出呼嚕聲，所以當妳想表達身體不適時，他們才會誤認為妳只是單純在發出舒服的呼嚕。

比起這點，桃子可不能吃太多點心唷。

飼主可能會禁不住桃子可愛的撒嬌而忍不住餵食，但為了身體著想，妳可要克制才行。而且適當地吃一定能更享受。

自律真的很不容易，我也很能理解妳會忍不住撲向眼前點心的心情。

但是，請好好地想一想，聰明的桃子一定能懂得。

喵嗚——嗚——
差不多該給我點心了吧
快點給我吧
喵——嗚——♡
怎麼啦~♡又想要點心了嗎？
寵溺
要跟媽媽保密唷！
我咬
我這樣每天給會不會太多了啊⋯⋯
我還能吃更多唷
幾分鐘後
總覺得不太舒服
呼嚕呼嚕——
桃子難得發出呼嚕聲~
真想好好寵妳，很舒服吧？♡
呼嚕呼嚕~
欸不是⋯⋯我是在說我不舒服的說⋯⋯
呼嚕呼嚕——

貓咪學

貓的呼嚕聲有很多種意思

據說貓咪從喉嚨發出的呼嚕聲，有許多種意思。

第一種是表達舒服、親暱的心情。在被人摸得很舒服時，大多都是這種情況。而貓咪之間友好地靠在一起時，也會使用這種聲音。

原本這是小貓在一邊吸奶時一邊發出的聲音，推測是為了向母親傳達自己能順利從乳房吸到奶水。

第二種是有求於人的呼嚕聲。在一項比較「表現親暱」與「傳達要求」這兩種呼嚕聲差異的實驗中，發現要求時的呼嚕聲在聲學上有著與人類嬰兒哭聲相同的成分，而且聽到這種聲音的人同時也會產生急切感。

第三種則是感到痛苦或害怕的時候，據說這時的呼嚕聲有貓讓自己冷靜下來的功能。

聽起來聲音類似的呼嚕聲，其實有著截然不同的意義，大家應豎起耳朵仔細傾聽。

諮詢10

我迷上了木天蓼

老師知道木天蓼嗎？

前陣子飼主ＹＵＲＩ小姐為我買了一個新的球型玩具，裡面好像放有木天蓼，於是我便迷上了那顆球。

結果主人看到我太過興奮，就把那顆球藏了起來，但我好想再玩那顆木天蓼的球啊。

不過，讓我這麼上癮的木天蓼對身體好嗎？

諮詢貓：小空（男生・11歲）

回答

玩木天蓼應適可而止

人類會透過飲酒或高歌的方式來放縱自我。在生活中是有必要喘口氣，偶爾有個忘卻一切、盡情享樂的日子也無妨。

不過，大量的木天蓼有害身體，小空應該要適可而止。還有，小空也要留意不要因太過沉迷於木天蓼，而讓飼主孤單一人了。

對了，關於木天蓼的效果，最近有篇有趣的研究結果問世，內容顯示木天蓼居然有「驅蚊」的效果呢。

如果小空家有蚊子出沒，也許就可以把木天蓼擦抹在身上防蚊哨。

我回來了~
喵嗚~
今天有伴手禮唷！
內有木天蓼的球
滾來
滾去
雖然看起來很開心，
但好像中毒一樣……
先暫時藏起來好了……
喵嗚—
好幸福~
隔天
喵嗚—
喵嗚
抓撓
抓撓
抓撓
藏起來也被你找到了呢……
為什麼不給我呢？
喵~嗚~

貓咪學

貓從以前就開始利用木天蓼狩獵

日本有句諺語叫「給貓木天蓼」（猫にまたたび），有「投其所好、立竿見影」的意思，可見或許貓都很喜歡這種植物。木天蓼為獼猴桃科、獼猴桃屬的樹木，對貓有緩解壓力的作用，因此市面上會販售其粉末、樹木或內含木天蓼的玩具等。

當貓嗅聞或舔舐木天蓼後會滿地打滾，呈現彷彿酒醉般的狀態。且不只家貓，獅子與老虎等大型貓科動物也都有相同的反應。

然而這種反應是先天的，並不會產生像我們人類對酒精成癮的中毒情況，還請放心。但是，各位還是要留意一次性大量攝取的危險性。

此外，日本學界最近發表的一篇研究報告顯示，把木天蓼擦抹在身上具有防蚊的效果，也因此科學家們推測伏擊狩獵型的貓可能便是利用木天蓼來避免蚊子干擾，以便安靜地埋伏，真的是非常聰明呢。

諮詢 11

好在意人類吃的食物

我好在意飼主幸子小姐和孩子們吃的點心。像是又圓又香的甜甜圈、柔軟的大福、漂亮盒中猶如寶石般的巧克力等。

為什麼人類的食物如此多樣呢？每天都有各式各樣的點心可以吃，真令本貓好生羨慕。我能不能也嚐一口呢？

諮詢貓：栗子（女生・4歲）

回答

要不要請飼主增加點心的種類？

妳是貓咪，人類的食物對妳有好有壞，栗子應該要有身為一隻貓咪的自覺。

但是，人類吃的東西的確很令妳在意吧。栗子知道納豆嗎？妳會不會覺得人類怎麼能吃得下這種散發著強烈氣味又黏呼呼的食物呢？

不過看到人類把納豆生蛋拌飯吃得那麼香，妳也會跟著想吃吧……。沒錯，人類吃的東西，看起來都是那麼的美味。

俗話說「籬笆另一側的草地永遠比較綠」，但妳不是人類，所以不能跟人吃一樣的東西。貓咪的點心也有很多變化，建議栗子可以試著要求主人增加種類。

栗子也想吃嗎~?
喵嗚~
嗞口水
看起來好精緻…
栗子不能吃唷~
啊…
抱起
感覺好可憐—
我的甜甜圈給她吧?
我的也給她!
人類的食物對貓來說很危險…
吃了還有可能會死掉唷…
好可怕…
我絕對不要栗子死掉!
沒事的唷
是不是說過頭了呢…
我絕對不會給她食物的~

貓咪學

雖然貓會想吃人類吃的東西，但……

有句話叫「同吃一鍋粥」，人們會對一起吃同樣東西的人產生親密感。所以，我們也會不自覺地想讓住在同個屋簷下的貓跟我們吃一樣的食物。

然而，人類的食物大多有害貓咪的健康，像是鹽分過多的食物，或是巧克力或洋蔥等會致死的食物，大家應多多留意。

此外，不僅人類會想把自己的食物分給貓吃，貓也會想吃人類吃過食物。

在「CAMP NYAN TOKYO」成員千千岩眸小姐進行的一項實驗中，實驗員先將兩個放有飼料的容器置於貓的面前，讓貓看到兩邊都放有飼料。之後實驗員假裝做出吃其中一邊飼料的動作，結果貓也靠近了該容器，試圖吃裡面的飼料。

當我們用餐時，可能面臨不只人想給，貓也想吃的狀況。可是一旦心軟位給貓咪，貓便會記住（人類也會記住貓喜歡吃這件事）並養成壞習慣。因此我們應該堅決做到「不要餵貓吃人類的食物」這件事。

諮詢 12

陌生客人讓我壓力好大

老師會經常招待人來家裡作客嗎？我們家有海斗君的小學朋友、媽媽的友人等，每個週末都有很多客人來訪。

同住的柴犬巧可，在客人來時總是很開心的樣子，但我其實有點困擾。

可是，我還是應該要像巧可那樣好客比較好嗎？

諮詢貓：小丸（男生・1歲）

回答

試著只確認客人們的「隨身物品」？

我們家也會有客人，但不是每週都會舉辦派對的類型呢（笑）。但有那麼多客人造訪，你們家肯定是個很棒的家庭。

不過，小丸沒有必要像巧可那樣親切招待。不管是人還是貓，當然狗也是，都有擅長與不擅長的事，沒有必要勉強自己去做不擅長的事情。

但話說客人的「隨身物品」很有趣唷，你可以跑去確認包包裡的東西，或是在脫下的大衣上沾上貓毛，喜歡貓咪的人一定會很開心的。

在全都檢查一番後，小丸就可以躲起來，把場面交給巧可應對囉。

咖啡真好喝呢
太好了~
你看你看
噢~原來是這樣
又來了…
巧可你好嗎~
汪
妳好呀
真是的
跳
話說小丸還好嗎？
真想見見他~
嗯~他很好唷，但…
前陣子也沒看到他的說
好幸福~
他很怕人，都會躲起來呢…
不好意思啊—
吶~吶~小丸呢~？
為什麼要找我呢？
巧可為什麼能那麼開心啊？
我很不擅長面對這種場合呢~

貓咪學

躲藏是因為貓具備地盤意識

如同「狗黏人、貓黏家」這句話，貓是會劃地盤的動物。所以當陌生的客人來到自己的地盤——家時，對於不親人的貓而言可能會是種壓力。

貓咪雖然會對飼主產生依戀情感（參照66頁）也會撒嬌，但有許多貓都很害怕或討厭陌生人。所以在陌生人造訪時，有些貓還會一直躲在衣櫃等空間裡不出來。

當然也是有在社會化時期（參照76頁）曾被許多人照顧過的貓，或是性格上本來就很喜歡人的社交型貓咪，對於這些貓而言可能就沒什麼影響。

此外，貓對於地盤內的陌生氣味也很敏感，因此牠們也會有積極嗅聞客人包包等的行為。

貓咪用鼻頭、頭部或身體磨蹭人類或物品的動作，就叫作「標記」。據說貓做出這個舉動的目的是在沾染自己的氣味，例如對著剛回到家的主人磨蹭的行為，可能就是貓在把自己的氣味覆蓋在充滿各種外面陌生味道的主人身上，藉此來獲得安心感。

再見喵～！

齋藤慈子

上智大學綜合人類科學部心理學科副教授
CAMP NYAN TOKYO（https://sites.google.com/view/campnyantokyo）成員。
於東京大學研究所綜合文化研究科取得博士學位後，在就任現職前曾擔任東京大學的助教、講師，以及武藏野大學講師。專業領域為比較認知學、發展心理學、演化心理學。為探尋貓咪可愛的祕密，目前正在研究貓對於人類的社會認知能力，以及人類的養育需求。
https://sites.google.com/view/atsukosaito

服部円

編輯、研究員、CAMP NYAN TOKYO成員
武藏野美術大學畢業後，曾任時裝雜誌編輯，後成為自由業者。2021年在麻布大學研究所獸醫學研究科取得碩士學位。目前於京都大學野生動物研究中心攻讀博士後期課程，正在研究貓與人類的關係。
https://sites.google.com/view/madokahattori

貓蒔（ねこまき）

以名古屋為據點的插畫家。創作類型包含貓狗角色的漫畫與連環漫畫，涉略領域非常廣泛。另有經營觀光導覽網站「にゃんとまた旅」，透過以「三毛先生」與「貓咪小玉」為主角的旅遊主題漫畫，介紹日本各地的美食和美景。也有在YouTube發布動畫。
官網　http://nyanto-matatabi.com
部落格　http://ameblo.jp/nekomaki

來自貓咪的貓生諮商

出　　版／楓葉社文化事業有限公司
地　　址／新北市板橋區信義路163巷3號10樓
郵政劃撥／19907596 楓書坊文化出版社
網　　址／www.maplebook.com.tw
電　　話／02-2957-6096
傳　　真／02-2957-6435
作　　者／齋藤慈子、服部円
漫　　畫／貓蒔（ねこまき）
翻　　譯／洪薇
責任編輯／江婉瑄
內文排版／楊亞容
校　　對／邱鈺萱
港澳經銷／泛華發行代理有限公司
定　　價／320元
出版日期／2022年11月

國家圖書館出版品預行編目資料

來自貓咪的貓生諮商／齋藤慈子、服部円作, 貓蒔（ねこまき）繪；洪薇譯. -- 初版. -- 新北市：楓葉社文化事業有限公司, 2022.11 面；　公分

ISBN 978-986-370-475-1（平裝）

1. 貓 2. 寵物飼養 3. 動物行為

437.364　　111014412